AF602721

MULTIPLICATION
DE LA VIGNE

PAR BOUTURAGE SOUTERRAIN

(Extrait d'un ouvrage inédit sur l'Arboriculture fruitière)

PAR

AUG. RIVIÈRE

JARDINIER EN CHEF DU JARDIN DU LUXEMBOURG

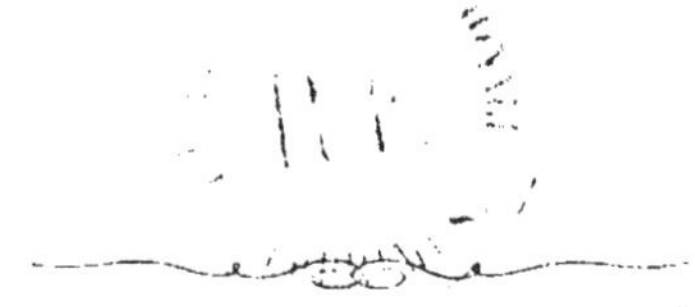

PARIS

CHEZ L'AUTEUR

64, BOULEVARD SAINT-MICHEL, 64

1872

Tous droits réservés.

TYPOGRAPHIE FIRMIN DIDOT. — MESNIL (EURE).

MULTIPLICATION
DE LA VIGNE
PAR BOUTURAGE SOUTERRAIN.

La Vigne, que la tradition fait importer chez nous de la Grèce à Marseille, mais que la science, au moyen des débris fossiles, réclame pour nous comme indigène, notre bonne vieille Vigne, une des richesses du pays, paraît subir en ce moment une nouvelle et rude épreuve : comme sur tout ce qui est bon, les ennemis de toutes sortes s'acharnent sur elle. Aux insectes, qui l'attaquent presque continuellement, à l'oïdium, qui l'a si fortement éprouvée et qui l'éprouve encore, aux terribles froids de 1871, qui lui ont si notablement nui, voici que depuis quelque temps un nouveau fléau vient ajouter ses ravages, fléau dont on ne connaît encore que les tristes effets et dont les causes nous échappent, bien qu'il semble qu'on puisse les attribuer à cet insecte presque microscopique, le *Phylloxera*, auquel ses dévastations auraient largement mérité l'épithète de *vastatrix*. A l'oïdium on a opposé le soufre, et le mal a pu s'arrêter; à la nouvelle maladie l'on n'a rien pu opposer jusqu'ici; et comme, de commune à commune, de canton à canton, de province à province elle s'étend tous les jours, *formant tache d'huile*, selon l'expression des Méridionaux, qui la voient s'avancer à grands pas chez eux, la panique et le désespoir s'en mêlent, on arrache les plantations attaquées, et le vide se fait tout le long du passage.

Les grands fléaux, heureusement, finissent tôt ou tard par disparaître, et celui-ci, il faut l'espérer, passera comme les autres; mais alors il faudra replanter et réparer les désastres, et comme il est un moyen excellent, sûr, rapide et, malgré cela, à peu près complétement ignoré, de multiplier la Vigne, j'ai pensé que c'était le moment de le signaler encore plus chaleureusement, et de redoubler les efforts que je fais depuis plusieurs années pour le propager comme il mérite de l'être.

Selon les diverses contrées où prospère la Vigne, on la multiplie de diverses manières : les unes mauvaises, routinières et aussi profondément implantées dans certains esprits que les ceps eux-mêmes le sont dans le sol; d'autres médiocres, mais qu'on pourrait rendre bonnes avec un peu d'intelligence; d'autres enfin sur lesquelles a passé une expérience raisonnée. Parmi ces dernières est ce mode de bouturage qui n'a pas de nom spécial et que j'appelle *Bouturage souterrain;* c'est bien assurément ce qu'il y a de plus simple, et, sans méconnaître les services rendus par d'autres genres de boutures, crossettes ou chapons, j'ajouterai : C'est bien ce qu'il y a de plus expéditif et de meilleur.

Le procédé n'est pas nouveau, mais, sauf en certaines localités de chez nous, où il est resté enfoui, il est à peu près inconnu de tout le monde, malgré le remarquable travail du docteur Jules Guyot (*Études sur la Viticulture française*), qui en a presque révélé l'existence. Les bonnes choses marchent plus lentement que les mauvaises; aussi le bouturage souterrain a-t-il fait bien peu de chemin, et c'est pour cela qu'il convient de le propager largement. Par la simplicité de sa pratique et par la prompte fructification qu'il fait obtenir, il mérite de fixer l'attention de tous ceux qu'occupe la culture de la Vigne.

Voici donc la description de ce procédé, description que j'ai tâché de rendre aussi simple que le procédé lui-même, et dont les quelques figures que j'y ai jointes faciliteront encore l'intelligence.

Préparation des sarments. — Je suppose un climat moyen, celui de Paris ou des localités analogues.

Dans le courant de novembre ou de décembre, on enlève à la Vigne les sarments inutiles, autrement dit ceux que l'on ferait disparaître à la taille prochaine; on choisit de préférence ceux qui sont bien constitués, bien *aoûtés,* comme disent les vignerons; on les débarrasse, à l'aide de la serpette ou du sécateur, de leurs vrilles et des ramifications secondaires qui se développent fréquemment sur les sujets vigoureux; en un mot, l'on ne conserve que le sarment réduit à son état le plus simple, sans embranchement d'aucune sorte. Indépendamment de cela, comme l'extrémité des sarments n'est pas convenablement constituée et qu'elle serait peu propre à une bonne multiplication, elle est inutile; on la retranche.

Cette opération étant faite dans l'un des mois que nous venons d'indiquer, il ne serait pas opportun, du moins pour la plupart des endroits, de planter immédiatement les boutures; car, outre que cela n'avancerait à rien, puisqu'elles ne pousseraient toujours qu'au printemps, elles risqueraient d'être atteintes par les gelées; or il importe de les conserver intactes; pour cela, on les *stratifie.*

Stratification. — Stratifier, c'est, ainsi que l'indique l'étymologie latine du mot, établir des lits, des couches; stratifier les sarments, c'est donc les placer par lits dans la terre. Nous allons voir de quelle façon.

Dans le terrain, jardin ou champ, on ouvre, à l'exposition du nord autant que possible, des fosses profondes de $0^m,50$ environ; leur importance sera, bien entendu, proportionnée à la quantité des sarments qu'on a l'intention de mettre en terre. Quant à ceux-ci, on les divise de manière à ne leur laisser qu'une longueur raisonnable. Cela fait, au fond de la fosse on en pose horizontalement un lit, on le recouvre de terre, le tout représentant à peu près une épaisseur de $0^m,20$; on pose un second lit, puis on comble la fosse. Si l'on avait voulu stratifier ensemble un plus grand nombre de sarments, on aurait pu creuser un peu plus profondément, à peu près à $0^m,60$, et l'on aurait fait trois lits au lieu de deux. Dans tous les cas, le dernier lit, le supérieur, doit être à environ $0^m,30$ plus bas que la surface du sol.

Fig. 1. — Stratification des sarments de la vigne.

La fig. 1 représente bien les deux lits de sarments, et, en outre, la manière dont ceux-ci ont été débarrassés de leurs ramifications et de leurs vrilles.

Tout cependant n'est pas fini là ; il reste une précaution à prendre. Il peut arriver un hiver pluvieux, des pluies surabondantes, à la suite desquelles les eaux, s'infiltrant dans la terre, atteindraient les sarments et, les exposant dès lors à une trop grande humidité, pourraient leur nuire. Pour éviter cela, on pratique au-dessus de la fosse ce qu'on appelle un *billon*, une butte de terre disposée en dos d'âne et formant pente de chaque côté, de la même longueur environ que la fosse et aussi de la même largeur ; on lui donne à peu près $0^m,40$ d'élévation. Sur la fig. 1, la ligne SSS indique la surface du terrain, et les parties B le billon. De cette façon, les eaux des pluies trop abondantes coulent le long des pentes, et si elles s'enfouissent dans le sol, elles influent bien moins directement sur les sarments stratifiés; il est clair, d'un autre côté, que ce supplément d'épaisseur de terre ne peut qu'aider encore davantage à leur protection. Je n'exigerai pas comme absolument indispensable l'établissement des billons dont je parle ici; si surtout la saison n'était pas pluvieuse, on pourrait les négliger, mais ce n'en est pas moins une de ces précautions supplémentaires qu'il n'est jamais mauvais de prendre et qui aident à des réussites mieux prononcées.

Les sarments stratifiés resteront là jusqu'à l'époque déterminée pour la plantation.

Dans les régions plus méridionales que les nôtres, où la taille a lieu à la fin de l'automne, on a l'habitude de *mettre en jauge* les sarments, c'est-à-dire de les placer, en bottes, l'extrémité inférieure dans la terre et le reste à l'air libre; il en résulte que les vents secs, les hâles, si communs en ces pays, agissent sur eux et leur enlèvent une partie de l'humidité nécessaire aux tissus pour la bonne conformation des organes. Dans ce cas-là, la stratification apporterait encore ses avantages, et il ne faut pas les négliger : dès que la taille sera faite et les sarments recueillis, il faudra les stratifier comme on le fait dans les contrées septentrionales.

Je citerai un peu plus loin des circonstances où la stratification pourrait être omise, mais je dis qu'en général cette pratique n'est pas assez en usage, et que l'on apprécie trop peu les services qu'elle peut rendre à la viticulture, au point de vue de la multiplication du précieux arbuste qui occupe chez nous une place si importante. Il est facile de comprendre, entre autres avantages, que, principalement dans les régions qui se rapprochent du nord, la stratification met les sarments à l'abri du gel, et le rude hiver de 1871-72 en aura pu facilement donner la preuve. En outre, conservés intacts pendant plusieurs mois au milieu d'une humidité modérée, les sarments doivent être mieux disposés à une bonne végétation.

J'ai dit qu'il fallait, autant que possible, placer les fosses à l'exposition du nord; c'est qu'en effet, à cette exposition, tous les organes des rameaux enfouis restent inertes, tandis que dans une exposition plus chaude il arrive parfois que la végétation se manifeste avant l'époque fixée pour la plantation, d'où il résulte la plupart du temps une série d'accidents par suite d'un commencement de développement des yeux, lesquels, très-fragiles à ce moment, s'endommagent avec la plus grande facilité.

Époque du bouturage. — A quelle époque doit-on retirer les sarments de terre et procéder au bouturage? Cela dépend des conditions locales ou climatériques dans lesquelles on se trouve; cela dépend également de la nature du sol. Dans les environs de Paris et dans les régions analogues, l'opération pourra commencer vers le milieu d'avril et se continuer jusqu'à la fin de mai; dans les régions plus tempérées, en prenant le Bordelais comme type, on commencera plus tôt, du milieu de mars au milieu d'avril; dans les pays tout à fait méridionaux, comme la Provence, l'Italie, l'Algérie, l'Espagne, ce sera de janvier en mars; mais, je le répète, des circonstances spéciales de position ou de température, et principalement le degré plus ou moins grand de sécheresse, pourront avancer ou reculer ces limites.

Préparation du terrain. — Ici, comme dans tout ce qui touche à la culture, si l'on veut complétement réussir, il ne faut pas faire les choses à demi; il est rare que les demi-mesures, faites dans un but d'économie, n'amènent pas, en somme, de plus grandes dépenses. En beaucoup d'endroits, malheureusement, on se contente de remuer superficiellement le terrain destiné à recevoir la Vigne; autre part on consent à le labourer; je demande mieux que cela encore, je demande qu'on le défonce profondément et, en outre, qu'on le fume et qu'on l'amende, suivant les besoins, mais d'une manière intelligente. Qu'on n'ajoute pas, par exemple, au hasard et parce qu'on les a sous la main, des fumiers de cheval à des terrains déjà chauds, ni des fumiers de vache à des terrains déjà froids; parce que l'on aura vu quelque part des terres produire abondamment après avoir été chaulées, il ne faudra pas s'attendre à obtenir les mêmes récoltes en répandant de la chaux sur des terres déjà trop calcaires : pour chaque sol, il faut étudier ce qui lui manque et le lui procurer. Entrer ici dans de plus longs détails serait sortir du cadre restreint de ce travail; ce sont les livres et les gens spéciaux qu'il faudra consulter. Il ne faut pas oublier, dans tous les cas, qu'on aura toujours à se féliciter de n'avoir rien négligé de tout ce qui contribue à l'établissement convenable d'une plantation de Vignes. Donc, qu'on défonce, qu'on amende et qu'on fume !

Je ne dois pas omettre de faire remarquer ici que le terrain que je fais préparer avec tant de soins est le terrain définitif, celui où la Vigne sera plantée à demeure, et non pas un simple terrain de pépinière où les boutures seraient posées pour en être enlevées plus tard. C'est à la place même que devront occuper les ceps que seront placées les boutures, et, dût cette manière de procéder paraître singulière et même amener les protestations de la routine, je n'en persisterai pas moins à la recommander; opérer ainsi, c'est gagner du temps, un an au moins, quelquefois deux ou trois, et le temps est précieux quand on a pour but la récolte. Que si, par précaution et pour le cas où un accident arriverait plus tard à quelques boutures, on veut en préparer un certain nombre à part, rien de mieux, c'est de la prudence; mais, en dehors de cela, il faut bouturer sur place. Ici, bien entendu, je ne parle pas des établissements commerciaux : puisque leurs plantations sont faites en vue de la vente et d'une multiplication nombreuse, il est clair qu'il leur faut opérer en pépinière.

On devra donc disposer la plantation d'après le mode de culture que l'on désire établir et les formes sous lesquelles on veut diriger les ceps; mais, que ce soit dans un jardin pour des treilles ou des cordons, que ce soit dans un champ pour l'établissement d'un vignoble, à moins d'empêchements particuliers, mieux vaudra toujours bouturer sur place.

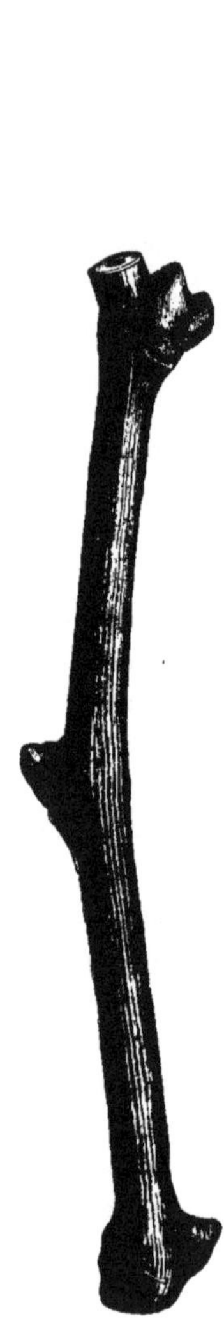

Fig. 3. — Bouture préparée, à trois yeux 2 mérithalles).

Fig. 2. — Bouture préparée, à deux yeux (1 mérithalle).

Fig. 4. — Bouture préparée, à quatre yeux (3 mérithalles).

Préparation des boutures. — Lorsqu'arrivent février, mars et avril, selon les régions, ainsi que je l'ai fait remarquer précédemment, il est temps de s'occuper du bouturage, car si l'on attendait davantage la végétation ne tarderait pas à se manifester quand même, les bourgeons commenceraient à se développer, et plus tard, à l'extraction des sarments, ils se détacheraient avec la plus grande facilité.

On enlève donc les billons à l'époque voulue, et l'on retire les sarments de la fosse au fur et à mesure des besoins. Ici, la végétation commençant à s'éveiller, les tissus étant déjà plus humides, les yeux (*bourres* des viticulteurs) ayant déjà une certaine sensibilité, il sera bon, en les maniant, de traiter les vignes futures avec tout le ménagement possible.

Voici donc les sarments dehors. C'est alors qu'il faut les diviser en tronçons, dont la longueur peut varier de 12 à 20 centimètres; mais cette division ne doit pas se faire d'une façon arbitraire, chaque extrémité doit porter un œil; à cet effet, on opère la section à un demi-centimètre au-dessus de l'œil du haut et à un demi-centimètre également au-dessous de l'œil du bas. Comme tous les cépages ne sont pas de même nature, que toutes les variétés ne présentent pas les mêmes caractères ni la même vigueur, comme leurs yeux sont plus ou moins rapprochés, il en résulte qu'une bouture pourra n'avoir que deux yeux, comme dans la fig. 2, autrement dit un seul mérithalle (le *mérithalle* est l'espace compris entre deux yeux, on l'appelle aussi *entre-nœuds*); elle pourra avoir trois yeux, comme dans la fig. 3; elle en aura quelquefois quatre, comme dans la fig. 4, et même, dans certaines variétés, elle en aura davantage. On peut dire, du reste, que le nombre d'yeux est à peu près indifférent, pourvu que ceux des deux extrémités existent, et encore ferai-je une réserve à ce sujet, comme on le verra à la fin de cette notice; toutefois, sous prétexte de n'avoir besoin que de deux yeux, il ne faudrait pas arriver à avoir une bouture trop courte et qui ne présenterait pas assez de surface aux racines pour qu'elles s'y établissent convenablement; c'est pour cela que je fixe les limites entre 12 et 20 centimètres environ. On rencontre parfois des entre-nœuds bien plus longs encore que celui de la fig. 2 et mesurant jusqu'à 25 centimètres; il faut bien alors les prendre tels quels, s'il est impossible d'en trouver d'autres, mais les boutures longues s'enracinent moins facilement, et c'est par suite d'une erreur beaucoup trop répandue qu'on suppose le contraire.

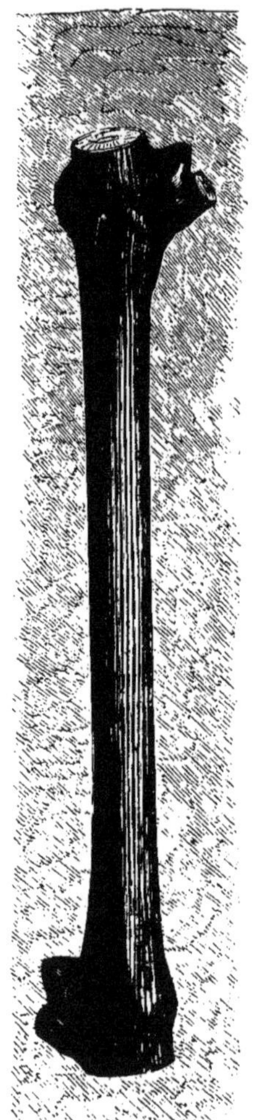
Fig. 5. — Bouture en place.

Si rien n'empêche de planter les boutures à mesure qu'on les prépare ou du moins peu de temps après, ce sera une bonne chose de le faire; si au contraire, pour une raison quelconque, la plantation ne peut pas être immédiate, on les recouvre de terre, afin de ne pas les laisser s'altérer en restant trop longtemps exposées à l'air ou au soleil.

Plantation des boutures. — Rien de plus simple, rien de plus facile que la plantation des boutures; l'aspect seul de la fig. 5 l'indiquerait volontiers sans explication à l'appui. On prend la bouture par son extrémité supérieure, on l'enfonce verticalement *sous terre;* on ramène la terre par-dessus, et c'est fait.

Qu'on remarque que cette condition d'enfouissement *sous terre* est essentielle, indispensable; il faut que l'œil d'en haut soit recouvert de 2 ou 3 centimètres.

Ici je dois mettre en garde contre une imprévoyance. Il n'est pas très-rare de rencontrer des personnes, peu habituées aux travaux horticoles, qui plantent

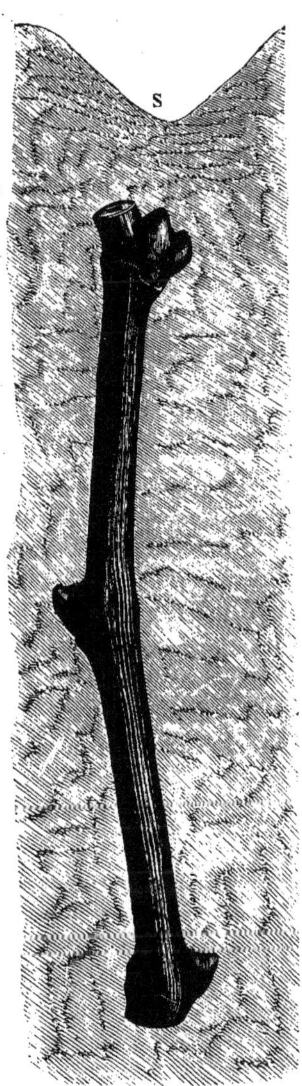

Fig. 6. — Bouturage dans les terrains sablonneux.

une bouture sans s'inquiéter si elles ne la placent pas à l'envers. Il est clair que, dans ce cas-là, l'œil qui doit produire la tige étant enfoncé en bas et la partie qui doit produire les racines étant en haut, il faut s'attendre à ce que l'opération sera manquée. Donc il faut avoir soin que la bouture soit disposée convenablement. La recommandation pourra sembler naïve à beaucoup de personnes, mais je suis persuadé qu'elle profitera à quelques-unes.

Tout ce que j'ai dit jusqu'à présent s'applique non-seulement à la culture des jardins, mais encore à la grande culture; il est cependant pour celle-ci certaines dispositions que l'on pourrait prendre et qui aideraient beaucoup à la réussite.

Dans un terrain de bonne qualité, il suffit de tracer des lignes selon le genre de culture qu'on veut établir et qu'on aura arrêté d'avance; mais si le sol était léger, sablonneux, trop perméable et, par conséquent, perdant facilement son humidité, voici ce que l'on pourrait faire : Ouvrir des sillons à l'aide de la charrue ou d'autres instruments usités dans le pays, en unir le fond, et y placer les boutures; c'est ce que représente la fig. 6. Le sillon S est tracé et la bouture est recouverte de 2 ou 3 centimètres de terre; je le répète, c'est indispensable. L'avantage de ce sillon, c'est de recueillir sur un même point une plus grande quantité d'eau provenant des pluies et de remédier ainsi à la trop grande sécheresse du terrain.

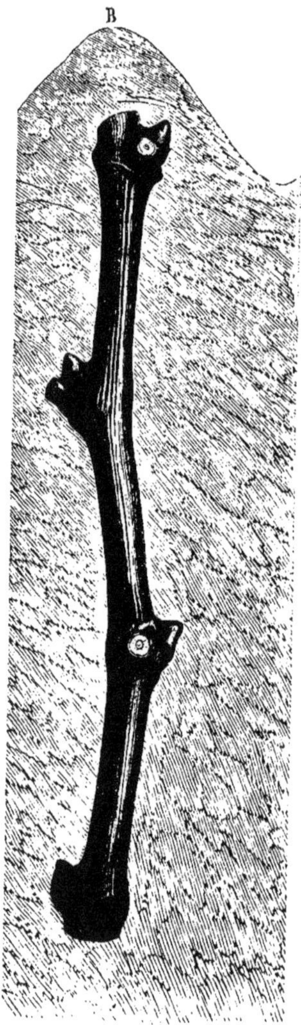

Fig. 7. — Bouturage dans les terrains argileux.

Si, au contraire, le sol était d'une nature consistante, argileuse, par conséquent humide et peu perméable, on établirait des billons à sa surface, et ce serait sur la pente de ces billons que seraient enfoncées les boutures, ainsi que le montre la fig. 7. De cette façon, l'eau des pluies pénètre dans la terre, non pas sur les boutures mais dans les intervalles qui les séparent, et on leur évite ainsi un surcroît d'humidité qui pourrait leur être nuisible.

Je dis qu'on établit la bouture *sur la pente* du billon; d'après l'aspect de la fig. 7 on pourrait la supposer établie exactement *au milieu*, mais on peut facilement remarquer que l'œil supérieur, en se développant, percera la terre sur la pente même. Ce n'est pas sans raison que cet œil a été placé ainsi : la terre qui forme le sommet du billon finit toujours par se désagréger et par retomber en partie sur les côtés ; si dès lors la tige sortait du sommet, les racines pourraient n'être plus suffisamment garanties, ce qui nuirait à la bouture, et l'on comprend que cet inconvénient n'est pas à craindre sur la pente du billon.

J'ai une observation à faire au sujet des trois figures qui précèdent. Il ne faudrait pas croire que chacune des boutures qu'elles représentent dût être uniquement réservée à un terrain spécial, et que, par conséquent il soit nécessaire d'employer exclusivement une bouture à deux nœuds (fig. 5) dans un terrain de bonne qualité, une à trois nœuds (fig. 6) dans un terrain sablonneux, une à quatre nœuds (fig. 7) dans un terrain humide : en dehors de circonstances particulières, rien ne force à choisir l'une plutôt que l'autre ; le principal, c'est qu'elles aient une longueur de 12 à 20 centimètres.

Je ferai remarquer ici que dans la grande culture, soit que l'on plante en terrain plat, soit que l'on plante dans un sillon ou sous un billon, si la terre était trop compacte, il serait bon de recouvrir la bouture d'un peu de terre plus légère, afin qu'au moment où se manifestera la végétation, la jeune pousse puisse trouver un passage facile.

Dans un terrain nouvellement labouré, l'introduction de la bouture est facile ; mais si le terrain a été préparé longtemps à l'avance, s'il s'est raffermi, s'il est pierreux, rocailleux, en un mot s'il offre quelque difficulté, on aura recours à un pic ou à un plantoir, en ayant soin de rapprocher ensuite la terre de la bouture, afin qu'il ne reste pas de vide autour d'elle.

Entretien du terrain. — On comprend qu'il est bon d'aider maintenant, par tous les moyens possibles, au développement convenable de la bouture ; il faudra donc tenir la terre meuble aux alentours, en agissant avec précaution, de peur d'endommager le bourgeon. Aussi, dans un terrain exposé à durcir et qui devra, par conséquent, être tenu friable par des binages répétés, sera-t-il bon de marquer la place où l'on a bouturé. Il faudra en outre enlever les mauvaises herbes qui épuisent inutilement la terre.

Développement des boutures. — Donc les boutures sont en place. A cette époque la végétation est dans toute son activité; aussi ne tarde-t-elle pas à se manifester rapidement. Au bout d'un mois, de trois semaines, de quinze jours seulement quelquefois, on voit la terre qui se soulève, puis un bourgeon qui pousse ses jeunes feuilles au dehors; c'est l'œil supérieur qui se développe. Il n'a eu d'abord pour nourriture que ce qui était tenu en réserve dans les cellules, mais voici qu'à la base même de la bouture et tout autour de la section pointent des radicules, qui bientôt, au moyen de leurs papilles, puisent dans le sol de nouveaux éléments de nutrition pour la plante; celle-ci prend de la force, et, avec ce nouveau secours, elle lance en haut son bourgeon, en bas ses racines. Sous l'influence d'une température qui s'élève chaque jour davantage, elle s'accroît dans des proportions qui étonnent: à l'été, l'œil est devenu un jet dont la longueur varie de $0^m,50$ à $1^m,50$ et plus encore, suivant les conditions climatériques, suivant la nature du sol, suivant aussi la vigueur naturelle de la variété. Sous le climat de Paris la pousse atteint de $0^m,50$ à $0^m,80$; sous ceux d'une température plus élevée, elle se développe davantage, et, ce qui ne peut que prouver encore mieux la force de cette végétation, c'est que presque toujours les jeunes tiges se garnissent de ramifications secondaires.

Il peut arriver que l'œil supérieur soit altéré par une cause quelconque et qu'alors il fasse défaut; dans ce cas, la tige presque toujours partira de l'œil inférieur, parfois même de l'œil de la base, mais généralement le cep ainsi obtenu sera chétif et peu propre à constituer un sujet vigoureux; c'est pourquoi, si l'on a des doutes sur le bon état de cet œil supérieur, il vaudra mieux ne pas l'employer.

La fig. 8 représente, à la fin de la saison, une bouture faite le 15 avril, et qui avait trois yeux. L'œil supérieur s'est développé en une tige munie de ramifications secondaires; elle mesurait 80 centimètres; elle aurait pu — je l'ai déjà expliqué — avoir moins, elle aurait pu aussi avoir davantage. Autour de cet œil il ne s'est développé aucune racine; c'est ainsi que cela

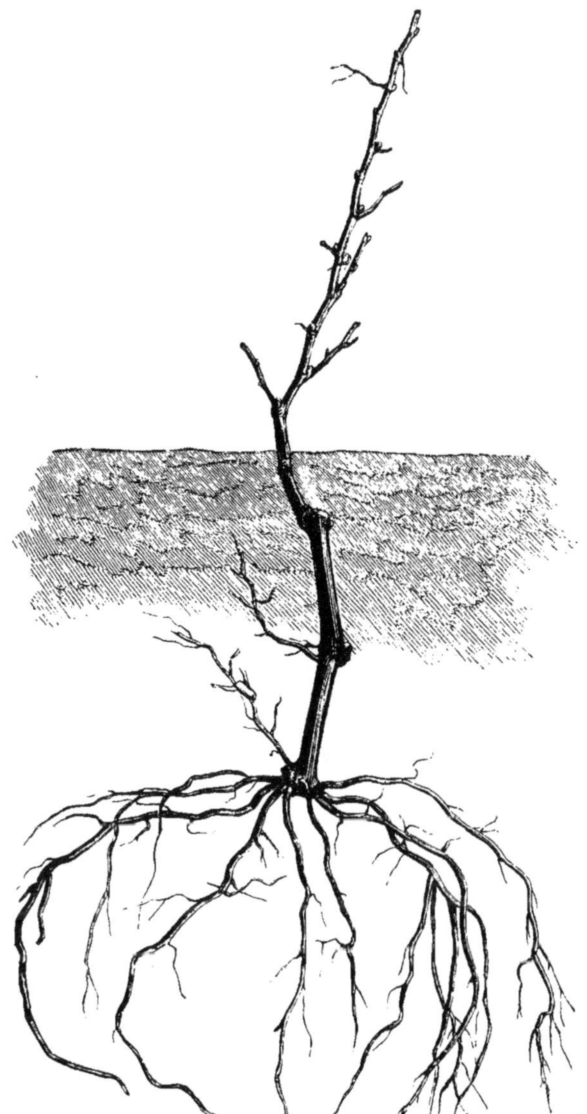

Fig. 8. — Développement de la bouture
(1re année).

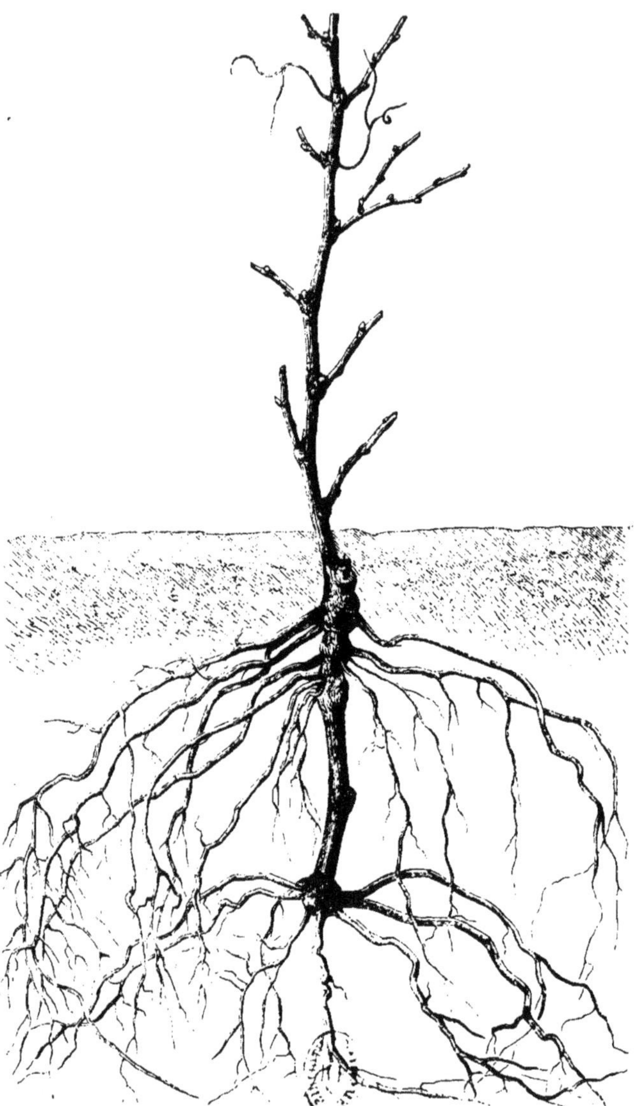

Fig. 9. — Développement de la bouture (2e année).

se passe presque toujours la première année, mais il n'en sera plus de même l'année suivante. L'œil du milieu n'offre qu'une racine insignifiante. C'est à l'œil inférieur que s'est manifestée la végétation la plus remarquable : sur toute la périphérie de la section, les racines ont pris naissance, nombreuses, bien constituées, et formant autour d'elles un verticille qui a une certaine analogie avec une griffe d'asperge.

Il est important de remarquer que la bouture qui a servi à ce dessin n'a pas été choisie au milieu de beaucoup d'autres; elle ne représente que le résultat obtenu la plupart du temps et en moyenne. Assurément, dans une plantation il se trouvera des sujets qui seront restés en retard, mais il s'en trouvera également qui auront pris une grande avance, et ce ne sera pas encore une très-rare exception que de rencontrer, après cinq mois de séjour en terre, une bouture portant des racines dont plusieurs atteignent un mètre de longueur. En tout, il faut se renfermer dans une moyenne raisonnable : exagérer en moins, c'est décourager; exagérer en plus, c'est pousser à des entreprises douteuses. Les résultats obtenus par le bouturage sous terre parlent assez d'eux-mêmes pour qu'il suffise de les signaler tels qu'ils sont.

C'est à sa deuxième année (fig. 9) (après la deuxième saison passée en terre) que la bouture présente un aspect vraiment remarquable, et qui rassure alors complétement sur la robusticité future du plant et sur ce que l'on pourra en attendre en fait de récoltes. Autour de la jeune tige qu'a produite l'œil supérieur se sont également établies des racines, ainsi qu'on le voit, et l'on peut juger quel surcroît de vigueur ce nouveau système radiculaire vient apporter à celui de la base. Ici, l'œil du centre n'a rien produit du tout; ce n'est pas là un état constant, mais il se rencontre le plus fréquemment, et c'est justement parce que cet œil intermédiaire ne produit rien ou ne produit que fort peu de chose, que je déclarais plus haut ne pas tenir au nombre d'yeux, pourvu qu'il s'en trouvât un à chaque extrémité de la bouture. La tige, de son côté, a pris de l'accroissement; elle est devenue plus forte et mieux garnie,

et il n'est pas étonnant de lui voir une étendue de 2 ou même de 3 mètres.

Premières tailles. — Le grand tort de ceux qui établissent des plantations, c'est de vouloir aller trop vite; en face de productions vigoureuses comme celles de notre Vigne et des longs sarments qu'elle présente, on est tenté d'établir tout d'abord les formes qu'on a choisies, et pour peu qu'à la deuxième année (ce qui arrive dans le Midi) on voie des grappes sur les ceps, on ne se décide plus à rabattre un plant qui se présente déjà sous un si bel aspect. C'est, je le répète, un grand tort; dans la formation de la Vigne, de même que dans celle de tous les arbres fruitiers, il faut avant tout établir des sujets bien constitués; et comme la séve se porte toujours de préférence dans les parties supérieures du végétal, il faut que les parties inférieures soient dès le principe assez fortement établies pour n'avoir pas à craindre de languir plus tard.

Je ne veux pas, dans cette simple notice sur le bouturage, traiter de la taille de la Vigne; cette taille variera selon les intentions du planteur et les formes qu'il aura adoptées d'avance; je ne veux qu'indiquer les premiers soins nécessaires aux jeunes plants, jusqu'à ce que soit venu le moment de leur donner la direction voulue.

Nous avons vu la bouture faite au printemps et développée à l'été; cette première année, le tout reste intact et pousse à son gré. L'année suivante, en février-mars, malgré la longueur du sarment obtenu, malgré sa vigueur, on le taille au-dessus de son troisième ou de son quatrième œil. Les trois ou quatre yeux se développent en bourgeons, mais l'un d'eux, l'inférieur, le supérieur ou un intermédiaire, plus vigoureusement que les autres : c'est celui-ci que l'on choisit, pour former la tige, et on le palissera au fur et à mesure de sa croissance. Quant aux autres, pour en arrêter la végétation, on les pince au-dessus de la troisième ou de la quatrième feuille; ce n'est pas qu'on doive les conserver indéfiniment, ils disparaîtront plus tard, mais leur présence ici contribue à fortifier la souche. La séve se porte alors plus abondamment sur la pousse destinée à fournir la tige principale, et, en même temps qu'elle lui apportera son accroissement en longueur et en diamètre, elle fera naître des ramifications à l'aisselle des feuilles, ce qu'on appelle communément des *faux-bourgeons*, dénomination qui laisse à désirer pour son exactitude et qu'il est préférable de remplacer par celle de *bourgeons secondaires*. Quelquefois, bien souvent même, on les enlève; pis que cela, on les arrache. C'est une pratique malheureusement trop répandue : en les enlevant, on prive la tige d'un certain nombre de feuilles et par conséquent d'organes qui contribuent à son accroissement; en les arrachant, on détruit en même temps les yeux placés à leur aisselle. Au lieu d'agir ainsi, il faut se contenter de les pincer, aussitôt que cela est possible, au-dessus de la deuxième ou de la troisième feuille. De la sorte, on les utilise.

Ces diverses opérations peuvent être suivies sur la figure 10. Au troisième œil du sarment on a opéré la taille T^1; les trois yeux 1, 2, 3, ont donné chacun un bourgeon; c'est le supérieur, le 3ᵉ, qui s'est le mieux développé, c'est lui que l'on a choisi pour continuer la tige. Pour lui donner une bonne direction et aussi pour la soutenir, on l'a palissée durant sa végétation, surtout dans les localités où la Vigne est vigoureuse; puis, à mesure que se sont développés les bourgeons secondaires, à l'aisselle de chaque feuille, on les a pincés en P, ainsi qu'il est indiqué. Quant aux deux bourgeons inférieurs, laissés provisoirement, ils ont été pincés au-dessus de leur troisième feuille.

Cette Vigne est donc un sujet de deuxième année. Planté très-tardivement, le 3 juin 1870, et traité d'après les indications précédentes, il atteignait près de 2 mètres en 1871, non pas seul dans ce cas, mais entouré d'autres boutures faites à la même époque, dans le même terrain du Jardin du Luxembourg, et ayant toutes le même développement.

Fidèles à notre principale recommandation, celle d'établir un plant bien constitué, nous ne nous laissons pas séduire par

Fig. 10. — Première taille et ses résultats.

Fig. 11. — Deuxième taille.

ce beau résultat, et au commencement de la troisième année nous rabattons le sarment, fig. 11, à un ou deux yeux au-dessus de la première taille, en T. Les deux rameaux inférieurs R^1 et R^2 sont maintenant inutiles, on les retranche sur leur empâtement ; il en est de même pour le rameau secondaire qui avoisine la taille T; toutefois il faudra pour celui-ci ménager l'œil qui se trouve à sa base.

Les deux bourgeons vont se développer ; on choisira, comme l'année précédente, celui des deux qui sera le plus vigoureux et qui formera la tige principale. Ici, il faudra se rendre compte du genre de culture qu'on a en vue ; s'il s'agit de la plantation d'un vignoble, on rognera cette tige lorsqu'elle aura atteint $1^m,50$, mais si l'on veut établir dans un jardin des cordons horizontaux ou verticaux, on la laissera pousser en liberté jusqu'à la fin d'août et l'on se contentera d'en retrancher l'extrémité. A cette époque, il ne sera pas rare de rencontrer des pousses qui auront pris un développement de 3 ou 4 mètres; c'est ce que j'ai toujours constaté chaque année dans mes essais, dont les premiers datent de 1863. Je n'ai pas besoin de répéter non plus qu'il faudra également pincer, comme l'année précédente, soit les bourgeons secondaires de la tige, soit ceux qui pourraient naître à la partie inférieure du sujet.

A ce moment le but est atteint : le cep est établi, la base est solide, et la fructification aura lieu dans de bonnes conditions. C'est alors qu'on peut commencer à donner au plant la forme qu'on lui réservait, en le rabattant plus ou moins, selon la culture qu'on veut entreprendre, celle des jardins ou des vignobles, et au moyen d'opérations successives qui sortent du cadre de cette notice.

Un conseil que je tiens à donner, mais qui ne sera peut-être pas goûté de tout le monde, c'est de ne pas enlever les vrilles des jeunes Vignes. Je reconnais volontiers que si les vrilles sont indispensables pour soutenir l'arbuste à l'état de nature, abandonné en toute liberté, elles ne le sont plus guère dès que nous le palissons nous-mêmes; mais, d'un autre côté, elles contribuent pour leur part, ainsi que tous les organes herbacés, à fortifier les parties qui les supportent, en attirant la sève sur elles, et tant que celles-ci sont jeunes aucun des secours qui leur arrive n'est à dédaigner. Plus tard, quand la Vigne sera vigoureuse et bien constituée, on pourra, par coquetterie, se permettre sans trop d'inconvénients la suppression des vrilles.

J'ai fait ici les recommandations que je croyais utiles pour la réussite ; nul doute qu'en les suivant l'on n'arrive à un résultat très-satisfaisant, et je suis d'autant plus affirmatif en cela que, m'étant livré à des expériences dans lesquelles j'avais à dessein négligé quelques-unes des précautions recommandées plus haut, j'ai néanmoins obtenu de bons résultats. Ainsi, par exemple, je ne me montrerais pas trop sévère sur l'exécution de la stratification dans les contrées toutes méridionales; on pourrait, je crois, sans aucun inconvénient y bouturer en place au moment même de la taille; aucune des boutures que j'ai faites en Algérie n'a été préalablement stratifiée, non plus que d'autres dans le Midi ; au Jardin du Luxembourg, j'ai fait également des essais de bouturage en place au mois de décembre, et ils ont parfaitement réussi ; j'avouerai même qu'y ayant ramassé, au mois d'avril, des sarments taillés depuis quinze jours et abandonnés à terre, j'en ai fait des boutures dont le résultat s'est trouvé satisfaisant.

Torsion des boutures. — Il est une opération supplémentaire dont je n'ai pas parlé, à dessein, au moment où l'on peut la faire, parce qu'elle n'est pas indispensable à la réussite des boutures; mais comme, dans beaucoup de cas, elle la facilite grandement, il n'est pas inutile de la faire connaître; elle a déjà été l'objet de nombreuses expériences. C'est la *torsion des boutures*.

La sève, on le sait, circule, d'une part, dans les vaisseaux, qui sillonnent le végétal dans toute sa longueur, et, d'autre part, dans les rayons médullaires, qui partent de la moëlle pour aboutir à l'écorce; cette sève, arrêtée à la surface

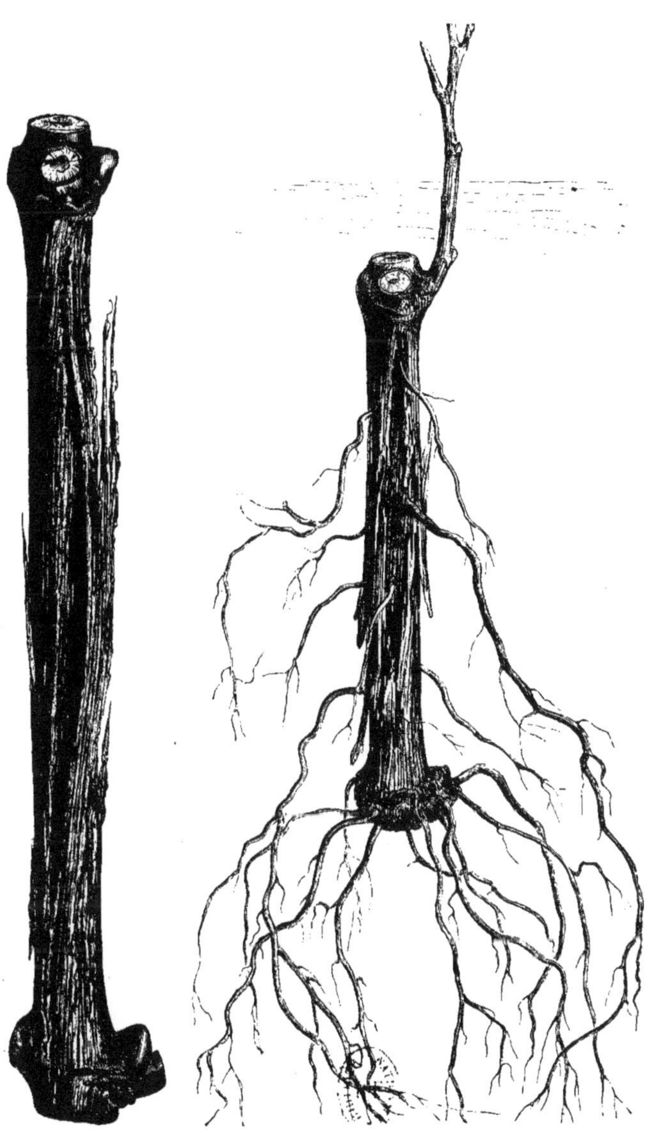

Fig. 12. — Torsion des boutures.

Fig. 13. — Résultats de la torsion des boutures.

par l'épaisseur de l'épiderme, ne peut se répandre au dehors; mais lorsqu'elle arrive aux yeux, qui présentent des organes plus tendres et moins résistants, elle se traduit en bourgeons ou en feuilles dans les parties aériennes, en racines dans les parties souterraines. Si donc on l'amenait à s'épancher subitement à l'extérieur par des issues qu'on lui procurerait en dehors de celles que lui offrent les yeux, on obtiendrait d'elle des racines dans toute la portion placée en terre. C'est justement ce à quoi l'on arrive au moyen de la torsion.

A cet effet, avant de couper les boutures, on tord fortement les sarments avec les deux mains, de manière à ce qu'on entende le craquement provenant de la rupture des fibres; c'est ce que les jardiniers appellent *faire parler la vigne*. Par cette opération, les vaisseaux et les cellules se déchirent, l'écorce elle-même s'entr'ouvre. On plante alors la bouture. Bientôt la séve s'échappe par toutes ces fractures et forme des bourrelets d'où naissent des racines. La fig. 12 représente la bouture tordue. Le résultat se trouve à côté, fig. 13 : non-seulement les racines ont pris naissance autour de la section inférieure, mais encore sur toute la longueur du sarment, aux bourrelets occasionnés par les déchirures, et l'on conçoit qu'elles ne peuvent qu'aider à la vigueur future des plants. Voici donc une opération qui a son avantage et qui pourra apporter son concours à la réussite.

Supériorité du bouturage souterrain. — Il me semblerait difficile, après toutes les explications précédentes, de ne pas reconnaître la supériorité du genre de bouturage qui nous occupe. Il est d'ailleurs une manière fort simple de la constater, c'est celle que j'ai employée : essayer tous les procédés, l'un à côté de l'autre, sur le même terrain, à la même exposition, soumis aux mêmes soins. Je ne doute nullement, après cela, que les conclusions ne soient identiques aux miennes.

Mais, en outre des faits qui frappent les yeux, il me semble que la réflexion peut aider encore à persuader davantage. La multiplication la plus usitée de la Vigne a lieu par le moyen des boutures, simples ou composées : simples, c'est-à-dire formées d'une partie de sarment de 30 à 60 centimètres, on les appelle *chapons;* composées, c'est-à-dire portant de plus à leur extrémité inférieure un talon de vieux bois, en forme de crosse, on les appelle *crossettes.* Crossettes ou chapons, on les plante soit tout à fait verticalement, soit en les coudant à leur base, mais on laisse toujours deux ou trois yeux hors de terre. Il y a donc une partie de la bouture qui se trouve exposée à l'air, au soleil, au froid, au hâle, continuellement soumise aux variations atmosphériques; par cette partie, que ne protége pas la terre, une sorte de transpiration a lieu, les liquides contenus dans les canaux s'évaporent, renouvelés partiellement, il est vrai, par ceux que fournit la portion enterrée, mais d'une manière incomplète et même tout à fait insuffisante quand la sécheresse de l'atmosphère est trop prolongée; dès lors la jeune pousse ne reçoit plus les aliments nécessaires à sa forte végétation; d'autre part, l'enracinement se fait avec plus de lenteur, de sorte qu'il n'est pas étonnant que les plants n'atteignent pas tout d'abord le développement et la vigueur que montrent les boutures totalement enterrées. Dans celles-ci, au contraire, aucune déperdition n'a lieu ; l'humidité est entretenue constante; les influences extérieures de l'air et de la chaleur ne se font sentir que suffisamment et comme tamisées par la terre qui recouvre l'extrémité ; c'est presque une graine qui se développe.

Que l'on compare maintenant le mode de bouturage sur place avec celui du couchage qui est encore si souvent employé pour cultiver la vigne en treille, le long des murs! Ici, on plante une *chevelée,* à une certaine distance de l'endroit du mur d'où le plant devra s'élever plus tard, ce qui représente déjà une année de végétation ; puis, deux ans après, on la couche et l'on en redresse l'extrémité, qu'on fait sortir de terre. L'année suivante, une partie de la tige aérienne est recouchée en terre à son tour avec son extrémité redressée en dehors, et souvent l'opération est répétée encore une fois, en sorte que le cep commence à être établi le long du mur à la 4e année, si ce n'est à la 5e, pas plus avancé que celui qui provient de notre bouture faite en place, et âgée de quatre ou cinq mois. L'expérience est là, il n'y a pas à aller contre; quant aux doutes émis sur la continuation de la vigueur de la vigne, les résultats de huit années les détruisent facilement.

Je le répète donc, le bouturage sous terre et sur place est le procédé le plus simple, le plus rapide, le plus économique, en un mot le meilleur.

Bouture sans œil à la base. — Je ne terminerai pas cette notice sans parler d'une expérience que j'ai faite en 1871; elle présente une modification d'une certaine importance au genre de bouturage dont il a été question ici. L'épreuve ne date que d'un an, je ne voudrais donc pas la considérer comme tout à fait concluante; cependant comme tout porte à supposer, ainsi qu'on va le voir, que les résultats seront plus que satisfaisants, je crois bon de la faire connaître.

Voici en quoi a consisté mon expérience.

Désireux de me rendre compte si les racines de boutures pourraient se développer autre part qu'immédiatement au-dessous d'un nœud, je prenais, le 15 avril 1871, des sarments de Chasselas de Fontainebleau sur des sujets très-vigoureux. D'une part, j'en partageais plusieurs par tronçons ne portant qu'un seul œil, l'œil supérieur, ainsi que le représente la figure 14, laissant au-dessous la longueur du mérithalle; d'autre part, j'en partageais plusieurs par tronçons portant deux yeux (fig. 16) : un supérieur, un vers le milieu, plus le mérithalle laissé au-dessous de celui-ci. Les boutures ainsi préparées furent plantées en terre, dans les conditions ordinaires précédemment indiquées.

A la fin de la saison, je déplantais les boutures, et j'avais obtenu les résultats qu'indiquent les figures ci-contre; la bouture à un seul œil (fig. 14) était devenue comme celle représentée par le n° 15; la bouture à deux yeux (fig. 16) avait l'aspect du

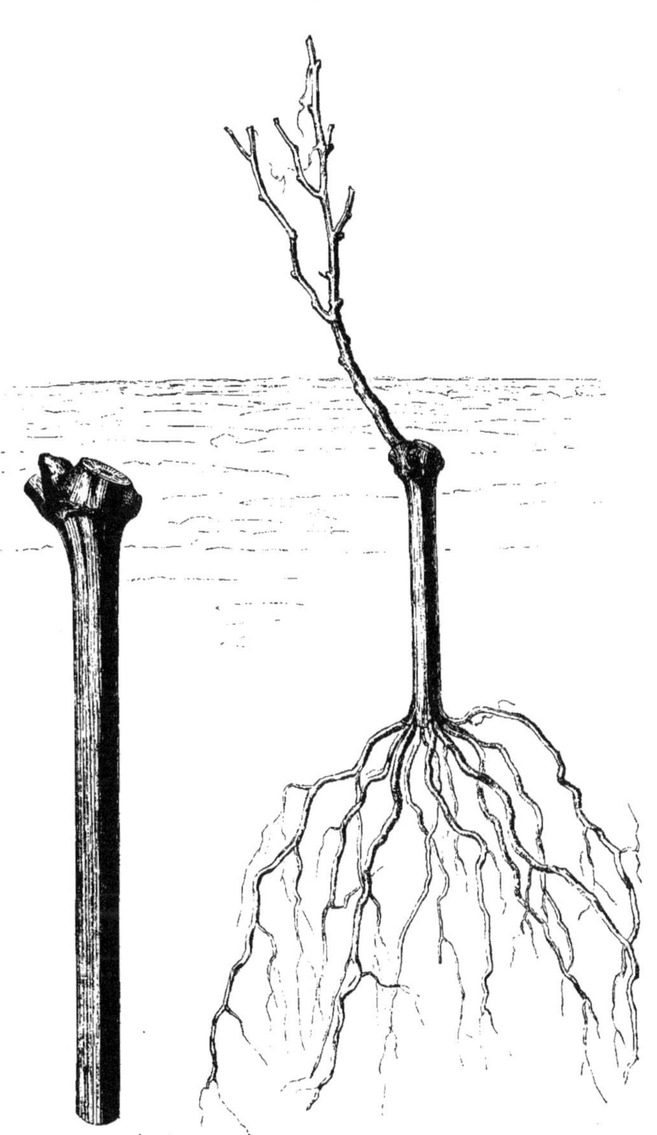

Fig. 14. — Bouture sans œil à la base (un seul mérithalle).

Fig. 15. — Résultats.

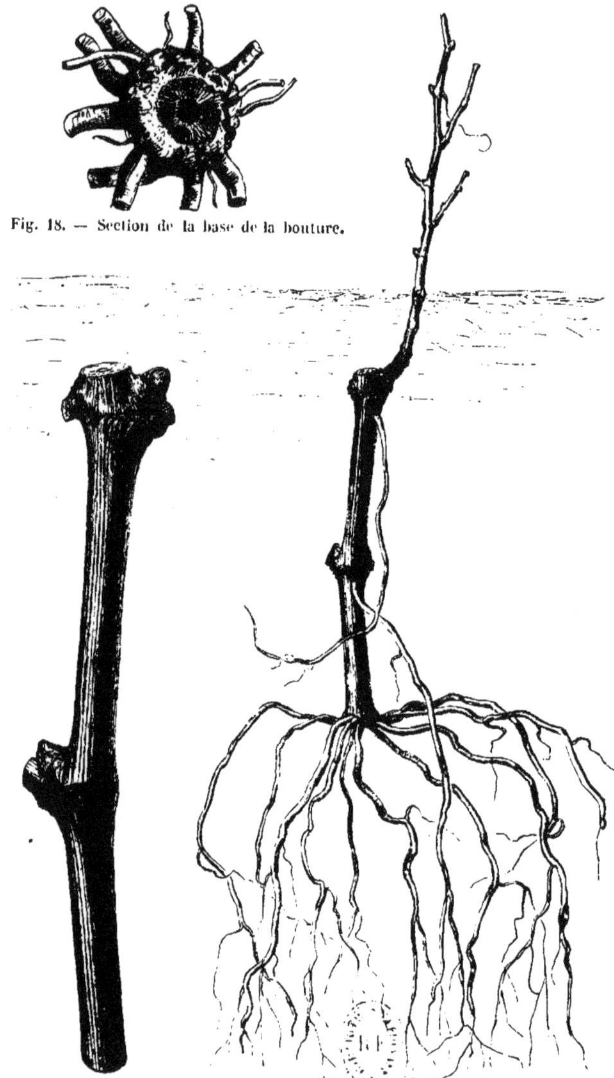

Fig. 18. — Section de la base de la bouture.

Fig. 16. — Bouture sans œil à la base (2 mérithalles).

Fig. 17. — Résultats.

n° 17. (Je n'ai pas besoin d'expliquer qu'on a dû réduire ici les dimensions des dessins 15 et 17.) Les autres essais donnaient comparativement les mêmes résultats ; d'où l'on n'est pas loin, je crois, de pouvoir conclure que les racines de nos boutures n'ont pas besoin d'un œil à leur base pour se développer.

On se rendra parfaitement compte de ce mode de développement des racines en examinant la figure 18, qui représente la section inférieure d'une bouture, avec les racines prenant naissance en verticille sur toute sa périphérie.

Or, si les bons effets de cette expérience ne sont pas détruits les années suivantes, — et rien ne le fait supposer, — on se trouvera là en face d'une modification qui en certaines circonstances pourra rendre des services. Si, par exemple, on veut multiplier une variété encore rare, le nombre de plants que l'on pourra obtenir sera double, puisqu'un seul œil suffira au lieu de deux, et que l'on pourra ainsi faire autant de boutures que le sarment comptera d'yeux bien conformés, accompagnés chacun d'un mérithalle; on comprend que la création d'un vignoble sera rendue ainsi bien plus facile et nécessitera un bien moins grand nombre de sarments, car, du moment que l'on divise ceux-ci en tronçons qui doivent avoir un œil à chaque extrémité, il reste chaque fois une portion de sarment, représentant un mérithalle, qu'il faut enlever comme inutile.

Je le répète, je n'ose pas affirmer encore d'une manière absolue la bonté de ce procédé, mais je ne saurais trop engager à en faire des essais, car tout porte à croire qu'il sera bon et économique.

Tels sont les conseils que j'avais à cœur de donner sur le *Bouturage souterrain* employé pour la multiplication de la Vigne, et que j'ai appliqué également au Figuier et au Rosier.

Maintenant, je dois dire une chose : ce genre de bouture n'a pas eu jusqu'à présent de nom qui le désigne particulièrement; aussi, un certain nombre de personnes qui me l'ont entendu préconiser avec conviction soit à la Société centrale d'horticulture, soit dans mes cours annuels, l'ont-elle désigné sous le nom de *Procédé Rivière,* ce qui laisserait à entendre que j'en suis l'inventeur; ce serait induire le public en erreur. C'est bien, en effet, le procédé que j'emploie, celui même que je recommande exclusivement comme le plus simple et, à mon avis, le meilleur; mais, comme je l'ai dit précédemment, il se trouve employé depuis de longues années en certains endroits de la France, ainsi que le constate le remarquable ouvrage du docteur Jules Guyot, principalement au chapitre qui traite de la culture de la Vigne dans le Puy-de-Dôme; on l'exécute aussi parfois, avec quelques variantes, dans la Charente-Inférieure entre autres, où la bouture n'est pas positivement enfoncée sous la terre, mais au niveau, puis recouverte d'un petit monticule de terre ou de sable, ce qui la replace à peu près dans les mêmes conditions; je ne puis donc me reconnaître que le seul mérite d'avoir été le propagateur ardent et convaincu d'une excellente chose; et comme il faut un nom à tout ce que l'on veut réussir à propager, je propose de l'appeler *Bouturage souterrain,* ce qui en explique clairement le mode. Qu'on l'appelle, du reste, d'un nom ou d'un autre, le principal c'est que, étant bon, excellent, il faut qu'il se répande.

Ce n'est pas, on le conçoit, sans avoir expérimenté sérieusement moi-même et sans avoir obtenu maints résultats signalés, que je voudrais recommander si vivement un mode d'opération quelconque : depuis neuf ans, j'ai toujours obtenu la même réussite. Au Jardin du Luxembourg, dans un des chétifs carrés où a dû se réfugier le souvenir de cette magnifique Pépinière fondée par les Chartreux, une des gloires de l'Arboriculture française que le bon plaisir et l'ignorance se sont donné la satisfaction d'anéantir sans profit pour personne, on peut voir chaque année ce que produit le bouturage souterrain de la Vigne : d'abord les plants de l'année même, puis ceux de l'année précédente, et en outre ces remarquables ceps de troisième année, pleins de vigueur, et dont les produits abondants font naître chez les visiteurs l'étonnement et même le doute. Le

28 septembre 1871, je présentais à la Société d'horticulture de Paris un cep de Chasselas de Fontainebleau dirigé en cordon vertical et provenant d'une bouture souterraine faite le 23 mai 1868; elle portait 55 grappes, et beaucoup d'autres du Jardin, plantées le même jour, en montraient de 40 à 50.

Dans la Charente-Inférieure, en avril 1867, j'ai fait planter 4,000 boutures; dès le mois de septembre elles avaient produit des jets de 1^m^,30 à 1^m^,80, et en 1870 les ceps portaient des fruits en abondance. En Algérie, près d'Alger même, le Jardin du Hamma, dont j'ai la direction, présente en ce moment une plantation de Vignes de 2 hectares; en 1868 j'y ai fait faire 35,000 boutures; l'année suivante 35,000 ceps étaient en pleine prospérité, portant des sarments de 1^m^,50 à 2 mètres, et maintenant tous ces plants de quatre ans sont répandus sur une partie du sol de l'Afrique.

Partout où a été pratiqué ce bouturage, dans les conditions que j'ai indiquées, partout les bons résultats ont été les mêmes. Ce n'est donc plus un procédé à l'état d'essai, mais bien un procédé en plein succès. C'est pour cela qu'il m'a semblé utile de détacher de l'ouvrage que je prépare en ce moment sur l'Arboriculture fruitière, résumé des cours que je professe au Jardin du Luxembourg depuis 1860 et que j'espère présenter l'an prochain à mes élèves, c'est pour cela, dis-je, qu'il m'a semblé utile d'en détacher ce chapitre ainsi que les figures qui l'accompagnent.

Ils sont trop rares chez nous, ceux qui divulguent et propagent de bonnes choses, pour que je ne me félicite pas plus tard si j'ai pu, par mes faibles efforts, contribuer à répandre un procédé qui est destiné, pour sa part, à augmenter la richesse du pays!

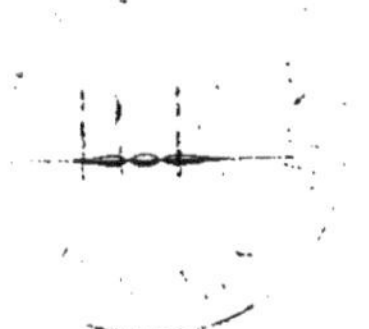

www.ingramcontent.com/pod-product-compliance
Ingram Content Group UK Ltd.
Pitfield, Milton Keynes, MK11 3LW, UK
UKHW021029260726
13994UKWH00005B/2039

9 782329 371917